高职高专建筑工程类专业"十二五"规划教材

GAOZHI GAOZHUAN JIANZHUGONGCHENGLEI ZHUANYE SHIERWU GUIHUA JIAOCAI

建筑工程技术专业认知实训指导

JIANZHUGONGCHENGJISHUZHUANYERENZHISHIXUNZHIDAO

◎ 编著 郑 伟

中南大学出版社
www.csupress.com.cn

图书在版编目(CIP)数据

建筑工程技术专业认知实训指导／郑伟编著.
—长沙：中南大学出版社，2014.4(2022.12 重印)
ISBN 978-7-5487-1066-0

Ⅰ.①建… Ⅱ.①郑… Ⅲ.①建筑工程－工程技
术－高等职业教育－教学参考资料 Ⅳ.①TU

中国版本图书馆 CIP 数据核字(2014)第 070827 号

建筑工程技术专业认知实训指导

郑 伟 编著

□责任编辑　周兴武
□责任印制　唐　曦
□出版发行　中南大学出版社
　　　　　　社址：长沙市麓山南路　　　　邮编：410083
　　　　　　发行科电话：0731-88876770　　传真：0731-88710482
□印　　装　长沙创峰印务有限公司

□开　　本　787 mm×1092 mm 1/16　□印张 3.75　□字数 91 千字
□版　　次　2014 年 4 月第 1 版　　　□印次 2022 年 12 月第 3 次印刷
□书　　号　ISBN 978-7-5487-1066-0
□定　　价　15.00 元

高职高专建筑工程类专业"十二五"规划教材编审委员会

主 任

郑 伟　　李移伦　　刘孟良　　陈安生　　李柏林

玉小冰　　吴志超　　刘 霁　　颜彩飞　　陈翼翔

副主任

（以姓氏笔画为序）

刘庆潭　　刘志范　　刘锡军　　汪文萍　　周一峰　　胡云珍

夏高彦　　彭 艺　　董建民　　蒋春平　　廖柳青　　潘邦飞

委 员

（以姓氏笔画为序）

万小华	王 中	王四清	卢 滔	叶 姝	吕东风
伍扬波	刘小聪	刘可定	刘汉章	刘剑勇	刘 靖
许 博	阮晓玲	阳小群	孙湘晖	杨 平	李 龙
李亚贵	李延超	李进军	李丽君	李 奇	李 侃
李海霞	李清奇	李鸿雁	李 鲤	肖飞剑	肖恒升
何立志	何 珊	宋士法	宋国芳	张小军	陈贤清
陈 晖	陈淳慧	陈 翔	陈 翔	陈婷梅	林孟洁
欧长贵	易红霞	罗少卿	周 伟	周良德	周 晖
项 林	赵亚敏	胡蓉蓉	徐龙辉	徐运明	徐猛勇
高建平	黄光明	黄郎宁	曹世晖	常爱萍	彭 飞
彭子茂	彭仁娥	彭东黎	蒋建清	蒋 荣	喻艳梅
曾维湘	曾福林	熊宇璟	魏丽梅	魏秀瑛	

出版说明 INSTRUCTIONS

在新时期我国建筑业转型升级的大背景下,按照"对接产业、工学结合、提升质量,促进职业教育链深度融入产业链,有效服务区域经济发展"的职业教育发展思路,为全面推进高等职业院校建筑工程类专业教育教学改革,促进高端技术技能型人才的培养,我们通过充分地调研和论证,在总结吸收国内优秀高职高专教材建设经验的基础上,组织编写和出版了本套基于专业技能培养的高职高专建筑工程类专业"十二五"规划教材。

近几年,我们率先在国内进行了省级高等职业院校学生专业技能抽查工作,试图采用技能抽查的方式规范专业教学,通过技能抽查标准构建学校教育与企业实际需求相衔接的平台,引导高职教育各相关专业的教学改革。随着此项工作的不断推进,作为课程内容载体的教材也必然要顺应教学改革的需要。本套教材以综合素质为基础,以能力为本位,强调基本技术与核心技能的培养,尽量做到理论与实践的零距离;充分体现了《关于职业院校学生专业技能抽查考试标准开发项目申报工作的通知》(湘教通〔2010〕238号)精神,工学结合,讲究科学性、创新性、应用性,力争将技能抽查"标准"和"题库"的相关内容有机地融入到教材中来。本套教材以建筑业企业的职业岗位要求为依据,参照建筑施工企业用人标准,明确职业岗位对核心能力和一般专业能力的要求,重点培养学生的技术运用能力和岗位工作能力。

本套教材的突出特点表现在:一、把建筑工程类专业技能抽查的相关内容融入教材之中;二、把建筑业企业基层专业技术管理人员岗位(八大员)资格考试相关内容融入教材之中;三、将国家职业技能鉴定标准的目标要求融入教材之中。总之,我们期望通过这些行之有效的办法,达到教、学、做合一,使同学们在取得毕业证书的同时也能比较顺利地考取相应的职业资格证书和技能鉴定证书。

高职高专建筑工程类专业"十二五"规划教材

编 审 委 员 会

前 言 PREFACE

  认知实训是高职教育中专业实践教学环节的重要组成部分,是建筑工程技术专业培养计划中不可缺少的重要环节,对于培养学生的工程意识和专业思想非常重要。

  大一新生对于专业的认识是非常有限和模糊的,通过认知实训,使学生对本专业的总体情况、毕业后从事的工作性质、工作岗位、三年所学专业基础课和专业课的名称、内容、特点、学习方法及专业技能的培养内容等都会有一定的了解,为专业课的学习、各种专业技能的培养奠定一定的基础。

  通过认知实训,学生走进施工现场,直接接触实际,亲身感受建筑工地的氛围,了解目前我国施工技术与施工组织管理的实际水平,熟悉房屋构造,熟悉施工现场,了解建筑工程的施工工艺、施工方法及施工机械,提高对建筑领域的全面认识,开阔眼界,增长见识,联系专业培养目标,树立起献身社会主义现代化建设、提高我国建筑施工水平的远大志向。学生通过与工人和基层生产人员密切接触,学习他们的优秀品质和先进事迹;通过理论和实践相结合,对本专业有一个良好的感性认识,热爱专业,为后续专业课的学习和技能培养打下良好的基础。同时,实习对学生了解社会、接触生产实际、加强劳动观念、培养动手能力等方面亦具有重要的意义。

  认知实训需要外出参观,需要深入到建筑施工现场,因此,最重要的问题就是学生的安全问题,实训前必须做好学生安全动员工作,实训中采取有力措施保障学生的安全。

  由于编写的时间仓促和编者的理论水平和实践经验有限,书中不足之处在所难免,欢迎广大师生和其他读者批评指正。

编者

2014 年 4 月

建筑工程技术专业认知实训

专　　业＿＿＿＿＿＿＿＿＿＿＿＿

班　　级＿＿＿＿＿＿＿＿＿＿＿＿

姓　　名＿＿＿＿＿＿＿＿＿＿＿＿

学　　号＿＿＿＿＿＿＿＿＿＿＿＿

时　　间＿＿＿＿＿＿＿＿＿＿＿＿

目 录 CONTENTS

Ⅰ.建筑工程技术专业认知实训教学大纲

一、实训名称

建筑工程技术专业认知实训。

二、实训类别

专业实训。

三、面向对象

建筑工程技术专业一年级学生。

四、实训目的

建筑工程技术专业的专业课实践性较强,为了使建筑工程技术专业新生在即将开设的专业课学习中能较好的掌握本专业的专业内容、专业技能,同时对本专业和毕业后要从事的工作有一个完整的认识,有必要进行一次专业认知实训。

通过本次专业认知实训,使学生对本专业的总体情况、毕业后从事的工作性质、工作岗位、三年所学专业基础课和专业课的名称、内容、特点、学习方法及专业技能的培养等有一定的了解。同时,认识实训也是建筑工程技术专业实践性教学的重要组成部分(环节),通过现场参观,使学生直接接触实际,了解实际情况,开阔眼界,增加印象,结合专业课程的学习,熟悉房屋构造,熟悉施工现场,了解建筑工程的施工工艺、施工方法及施工机械,提高对建筑领域的全面认识,为专业课的学习、各种专业技能的培养奠定一定的基础。

五、实训任务

1)了解建筑工程技术专业,了解学生毕业后从事的工作性质、工作岗位,了解在校三年期间所学专业基础课程和专业课程的名称、内容。

2)了解在校三年学习期间必须掌握的专业技能。

3)了解建筑施工现场,对建筑施工质量和安全有一定程度的认知。

4)了解一般工业与民用建筑的构造和装修。

5)了解土石方与基础工程、砌体工程、混凝土工程、吊装工程、防水工程、装饰工程等主要工种工程的施工工艺和施工方法。

6)了解施工机械、施工现场布置、文明施工、绿色施工等。

7)了解钢筋加工、构件成型、预制混凝土构件的流水生产线等。

8)通过认识实训,使学生树立正确的专业思想,严肃认真的学习态度,培养学生科学而务实的学习方法;学习工程技术人员和管理人员严谨求实的工作作风和无私奉献的敬业精

1

神，锻炼学生吃苦耐劳、遵守纪律、团队协作的能力。

六、实训程序

专业认知实训可概括地分为三个阶段：即准备阶段、讲座和参观阶段、实训成果整理和实训成绩考评阶段。各阶段的主要工作和内容如下。

1. 准备阶段

实训准备阶段包括以下内容：

1) 发放建筑工程技术专业认知实训指导教程。

认知实训方式有两种：集中实训和分散实训，系部根据实训计划、大纲和学校的实际情况，确定实训方式。采用集中实训则由指导教师联系实训地点和工程项目，根据实际情况做出实训计划和具体的日程安排。如采用分散的实训方式，实训学生须提前收集建筑工程信息，做出详细而具体的实训计划，交实训指导教师审查并留存。实训计划中应明确实训的目的、任务、实训内容、实训步骤和具体的实训安排等。在实训期间，按实训计划的内容接受指导教师的监督和检查，本指导教程以集中实训为主进行编写。

2) 安全动员和安全教育。

实训指导教师应组织学生学习《建筑工程技术专业认知实训指导》教程，建立实训团队，划分实训小组，并明确具体的负责人。宣讲实训纪律、规章制度和"认知实训安全规程"，必须从思想上提高学生对安全重要性的认识，端正态度，使整个实训过程都处于有效的安全控制中，应使学生在思想上重视安全，行为上受到相关制度的制约，树立"安全就是法"的概念，提高安全的自觉性和安全意识。

实训准备工作是整个实训过程的重要环节，对实训结果有直接的影响。学生经过思想教育，安全教育和专业指导，明确专业认知的目的、作用、要求、管理措施和评分标准，特别要注意各项纪律、制度和安全常识的准备，鼓舞并激发学生的积极性和主观能动性，让学生以饱满的激情、良好的素质，圆满地完成实训任务。

3) 系部落实好交通工具，学生领取安全帽、准备好记录本和笔、有条件的学生准备好照相机等。

2. 讲座和参观阶段

专业认知实训大部分时间应以现场参观为主，应选择有一定代表性的工程项目，其中应包括砖混结构工程项目和框架结构工程项目，多层建筑工程项目和高层建筑工程项目，民用建筑工程项目和工业建筑工程项目。在这些工程项目中，既要有已建工程项目，也要有在建工程项目。对于在建工程项目，应选择施工技术和组织管理比较规范和先进的工地。力求各类建筑结构齐全，施工进度有快有慢，从基础工程到主体结构，从装饰到防水等多种构造施工并存的地方，最好选择大兴土木的地区，易于学生观察、对比。工业建筑工程项目应以混凝土单层工业厂房和钢结构厂房为宜。应着重考虑工业建筑的特点，选择实训工地时，尽可能选择一些工艺设计、平面设计、立面设计和内部空间处理有特色，厂房的结构类型、组成和起重类型齐全的工业建筑。

选择实训地点时，必须注意交通和安全因素，以便于实训过程的组织和管理。另外，还应参观建筑构件制品厂，组织观看电视录像、多媒体视频、电影、幻灯、图片、图纸等，并组织专题讲座。

通过以上实训活动,使学生从建筑构造、建筑结构、建筑施工与组织管理等方面获得一定的感性认识,初步了解建筑物组成、施工现场生产过程和常用建筑材料。

讲座和参观阶段包括以下环节:

1)实训指导老师进行讲座,使学生对本专业的总体情况、毕业后从事的工作性质、工作岗位、三年所学专业基础课、专业课及专业技能的培养等有一定的了解。

2)通过录像教学,对典型工程项目的施工技术、施工工艺、安全技术进行介绍,加深学生对建筑领域的认识和理解,特别是强化学生的安全意识。

3)在实训地点集中听取专业技术人员和指导教师对建筑概况、功能需求、结构布置、设计特色、施工技术特点等相关情况的介绍。

4)查阅相关图纸,对比实训建筑物,根据已收集的相关信息,运用已学理论知识,归纳分析其设计、施工等方面的优缺点,并提出自己的看法和观点。

5)整理好每天的记录,记好实训日记,准备实训总结材料,做好实训收尾工作,完成实训任务。

这一阶段工作是整个实训工作的中心内容,要督促学生积极主动地向工程技术人员学习和请教,收集各种信息和资料,努力克服实训中遇到的各种困难。根据认识实训计划的要求,要督促学生注意记录技术人员的讲解和介绍,特别是一些新结构、新工艺、新技术和新材料的应用,记好实训日记,遵守实训纪律,接受指导教师的检查和管理,保证能按照实训大纲的要求,有目的、有计划地完成实训任务。

在分散实训的形式下,通常由指导教师进行定期或不定期的实训检查,学生可将前阶段实训内容适当整理,向指导教师汇报实训情况,并提出实训中出现的问题和困难,在指导教师和学校的帮助下,改进后期实训工作,以期获得良好的实训效果。

3. 实训成果整理和实训成绩考评阶段

实训结束后,学生将实训日记、实训报告整理完成后首先交给班级评分小组评定成绩,再交指导教师批阅。指导教师应根据考核标准逐项考核后,评定实训成绩。

实训日记是记录实训工作情况和积累专业实践知识的一种方式和方法。实训学生应从实训的第一天开始记录,直到实训结束的最后一天为止,记录实训日记的总天数应不少于规定的实训天数。要逐日记录,并分上、下午,不得间断和后补,实训日记第一天一般应记录安全教育和实训动员的情况。

实训日记应注明日期、气象、实训地点、工程概况、建筑物设计和施工特点等,简明记录每天的实训情况,发现的问题和收获体会,可摘抄部分实训工程的技术资料作为补充,但不得抄袭他人的实训日记。

实训报告是学生对实训过程的全面总结,集中反映了学生在专业认知中掌握实践知识的深度和广度以及对实际问题的分析、归纳、创新的能力,也是综合评定学生实训成绩的主要依据。学生应根据自己在实训过程中的主要收获和体会,认真思考,深刻而精炼地描述认识实训的成果。实训报告应主要包含以下几方面内容:

1)简述实训的主要内容;

2)简要介绍实训过程中的主要工程概况;

3)参观的建筑物在设计、施工等方面有什么特色,采用了哪些新结构、新材料、新工艺、新技术;

4）实训过程中发现的问题和自己的观点，重点阐述实训的收获和体会；

5）对本次实训的意见和建议。

七、实训组织及计划

专业认知实训前，教学团队应提前选派实训指导教师。被选定的教师应在学校、系部的指导与协助下，提前联系并确定实训参观地点及工程项目，做出实训具体实施计划，落实各项准备工作，如联系落实交通工具、领发安全帽等。

1）实训组长：系主任。

2）执行组长：分管实训副主任。

3）实训领发安全帽：实训基地老师。

4）实训用客车：由学院统一安排。

5）实训时间：每班一周，具体安排见下表。

班级＼周次	*	*	*	*	*	*	*	*	*	*	*	*	*
工 1×01/02	—												
工 1×03/04		—											
工 1×05/06			—										
工 1×07/08				—									
工 1×09/10					—								
工 1×12/12						—							
工 1×13/14							—						
工 1×15/16								—					
工 1×17/18									—				
工 1×19/20										—			
工 1×21/22											—		
工 1×23/24												—	
……													

八、实训内容

根据教学计划，专业认知实训为一周时间，具体内容如下：

1. 实训指导课（周一集中讲课）

（1）实训动员，认知实训内容及要求，实训安全规程、建筑施工现场安全知识。

（2）建筑工程技术专业认知。

2. 录像教学或专题讲座

（1）建筑施工技术、质量、安全录像。

(2)房屋建筑基本知识讲座或典型工程介绍。

3. 工程项目参观

1)参观校内已建各种民用建筑(主要为：教学楼、办公楼、图书馆、学生宿舍楼等)。

2)参观校内实训基地(主要为：试验室、工种实训场地、情景教学模型等)。

3)参观校外实训基地、工业建筑、混凝土制品厂、钢结构构件制作厂、正在建设的施工项目。

4)要求学生对参观建筑的结构形式、组成、材料种类、构件类型及形状、钢筋及混凝土的施工方法、现场布置、管理方法、施工机械设备等进行初步了解。

4. 实训计划安排

时间	实训任务	指导教师
星期一	实训动员、安全教育及专业教育	
星期二	录像教学或工业与民用建筑基本知识讲座、参观校内建筑及校内实训基地	
星期三	参观建筑工地(砖混结构、框架结构等)	
星期四	参观建筑工地(小高层或高层等)	
星期五	参观建筑工地(钢结构、工业厂房等)	

注：1. 如遇特殊情况，参观地点及指导老师可能调整；

2. 实训工地必须聘请工地技术负责人讲课；

3. 一个大班到建筑工地参观实训时，至少安排两个指导老师。

九、实训要求

1)安全第一，学生在实训期间应听从指导教师及实训现场管理人员统一指挥，一定要特别注意安全，进入实训现场必须戴安全帽，不准穿拖鞋，不得违反施工现场安全操作要求。

2)实训期间，学生应充分发挥自己的主观能动性，虚心向建筑工地施工技术人员及指导教师学习，要善于思考，处处做有心人。

做到"五勤"：

(1)手勤：要多纪录。

(2)嘴勤：对待工人技师或指导教师要有礼貌，多向工人技师或指导教师提问，要敢于发表自己的意见。

(3)腿勤：在实训现场多走动，克服懒惰思想，除实训任务的要求外还应注意相关知识的学习。

(4)眼勤：多看，及时发现问题。

(5)脑勤：遇到问题多想几个为什么，除技术方面的学习外，还应注意现场组织管理问题，使理论与实践相结合。

3)实训期间，认知实训期间除按正常上课的要求遵守学校纪律外，还必须严格遵守施工单位及厂矿企业的规章制度，认真完成布置的任务，不得迟到或早退，不得缺勤。实训期间一般不得请假，特殊情况需请假者，按照学校有关规定执行。在实训期间违反实训纪律、校纪校规及相关制度的学生，参照学校的有关处罚规定执行。

4）在实训期间，学生每天应写实训日记，实训结束后，每个学生应独立完成一份实训报告，对自己的实训情况进行总结，报告内容主要写实训中的收获和专业认识总结，实训报告要求书写整齐、图文并茂，内容充实不要记流水账（可以带相机拍照，积累素材，照片打印后可以贴到实训日记上）。

十、实训成绩评定

实训成绩由以下几个方面综合评定，成绩等级分为优、良、中、及格、不及格五等，由班级评分小组和指导教师共同评定实训成绩。

1）实训出勤、纪律和表现，占40%；

2）实训日记及实训报告，占40%；

3）班级评分小组成绩，占20%。

Ⅱ.学生认知实训安全规程

1.一切行动听从指导老师的指挥。

2.进入现场必须戴好安全帽,扣好帽带。

3.吊装区域非操作人员严禁入内,把杆垂直下方不准站人,不准从正在起吊、运吊中的物件下通过。

4.注意建筑工程的楼梯口、电梯口、预留口、通道口是否有防护设施,注意安全通行。

5.严禁赤脚或穿高跟鞋、拖鞋进入施工现场。

6.不准进入挂有"禁止出入"或设有危险警示标志的区域、场所。

7.不乱动建筑工地施工设备。

8.不准在建筑工地奔跑、打闹、嬉戏。

9.不准在没有防护的外墙和外壁板等建筑物上行走。

10.不得攀登起重臂、绳索、脚手架、井字架、龙门架和随同运料的吊盘及吊装物上下。

11.不准在重要的运输通道或上下行走通道上逗留。

12.人员应从规定的通道上下,不得攀爬脚手架、跨越阳台,不得在非规定通道进行攀登、行走。

13.机电设备运行时,不准将头、手、身伸入运转的机械行程范围内。

Ⅲ. 学生认知实训考核大纲

一、认知实训要求

(1)实训期间,学生必须认真听课、观看录像、参观工地,按照实训计划的内容及要求完成全部实训任务。

(2)实训期间除按正常上课的要求遵守学校纪律外,还必须严格遵守施工单位及厂矿企业的规章制度,防止各种安全事故的发生,保证安全。

(3)服从指导教师和专业技术人员的管理和指导,虚心求教,注意处理好学校和实训单位的关系。

(4)实训期间一般不得请假,特殊情况需请假者,按照学校有关规定执行。在实训期间违反实训纪律、校纪校规及相关制度的学生,参照学校的有关处罚规定执行。

(5)实训期间必须写好实训日记,认真记录当天的实训内容和收获,实训结束后写出实训报告。实训报告主要是总结一周的收获和体会,要求内容充实,书写工整,图文并茂(参观时,有条件的学生可以带照相机拍照)。

二、认知实训考核

认知实训考核包括两部分:

1. 班级评分小组评分

由班长、副班长、学习委员组成三人评分小组,根据学生的实训情况,给定实训成绩。

2. 学校实训指导教师对实训成绩的评定

学校实训指导教师依据班级评分小组评定的成绩、平时出勤率、实训日记、实训报告情况,确定最终实训成绩,实训成绩按五级评定(优、良、中、及格、不及格)。

1)实训成绩评定依据有以下几个方面的内容:

(1)平时出勤率和实训表现。

(2)实训日记。

(3)实训报告。

(4)班级评分小组给出的成绩。

2)学生实训成绩按下列标准进行评定:

(1)评为"优"的条件。

①实训期间出勤率100%。

②实训日记完整、记录清楚真实、图文并茂。

③实训报告内容完整,对认知实训全过程有全面、深刻的认识和体会。

④班级评分小组给出的成绩为优秀。

（2）评为"良"的条件。

①实训期间出勤率100%。

②实训日记完整、记录清楚。

③实训报告内容完整，对认知实训全过程有比较全面、深刻的认识和体会。

④班级评分小组给出的成绩为良好以上。

（3）评为"中"的条件。

①实训期间出勤率80%以上，有事及时请假。

②实训日记完整、记录清楚。

③实训报告内容完整，对认知实训全过程有一定的认识和体会。

④班级评分小组给出的成绩为中等以上。

（4）评为"及格"的条件。

①实训期间出勤率70%以上，有事及时请假。

②实训日记完整、记录尚清楚。

③实训报告内容完整。

④班级评分小组给出的成绩为及格以上。

（5）具有下列情况之一者定为"不及格"。

①实训期间出勤率70%以下。

②无故旷课累计达3小时以上者。

③实训日记不完整，缺少三分之一以上的实训日记或者无实训报告。

④在校外认知实训期间，给学校造成恶劣影响者。

⑤在认知实训中严重违纪和弄虚作假，抄袭他人实训成果的学生，以不及格论处。

Ⅳ.建筑工程技术专业认知实训指导书

第一部分　建筑工程技术专业认知

一、招生对象及学制

1.招生对象

高中毕业生、中等职业学校毕业生或同等学历者。

2.学制

全日制三年(高职)。

二、就业面向、职业岗位(群)

建筑工程技术专业主要培养面向建筑施工企业生产和管理第一线的高端技术技能型人才,学生毕业后从事的核心岗位是建筑施工企业的施工员,以质量员、安全员、材料员、资料员、标准员等为就业岗位群,相应职业资格证书有:施工员、质量员、安全员、材料员、资料员、标准员等职业岗位资格证书。3~5年后,可以升迁的专业技术岗位有:一、二级注册建造师、监理工程师、造价工程师等。

三、培养目标与规格

1.培养目标

本专业主要面向建筑施工企业生产和管理第一线,培养拥护党的基本路线,适应社会主义市场经济需要,掌握建筑工程技术专业职业岗位(群)所需的基本知识和专业技能,具备较强的技术、管理和团队协作能力,具有良好的职业道德、诚信品质、团队精神和创新素质,德、智、体、美全面发展的高端技术技能型专门人才。

2.培养规格

在校三年学习期间,学生不仅要努力学好专业,锻炼专业能力,而且还要注重社会能力和方法能力的锻炼(三种能力锻炼),本专业毕业生必须具备的社会能力、方法能力和专业能力如下:

1)社会能力

(1)坚定正确的政治方向,良好的社会公德、职业道德和诚信品质;

(2)解放思想、实事求是的科学态度;

(3)爱岗敬业、艰苦奋斗、勇于创新的团队协作精神;

(4)人际交往能力;

(5)公共关系处理能力;

（6）劳动组织能力；

（7）较强的遵纪守法意识；

（8）了解体育运动的基本知识，掌握科学锻炼身体的基本技能，养成自觉锻炼身体的良好习惯，达到《大学生健康体质标准》，具有健康体魄。

2）方法能力

（1）职业生涯规划能力；

（2）独立学习能力；

（3）获取新知识和技能的能力；

（4）决策能力。

3）专业能力

（1）具有建筑工程图识读与绘制能力；

（2）具有基本建筑构件验算能力；

（3）具有常见建筑材料应用及检测能力；

（4）具有建筑施工技术应用能力；

（5）具有建筑施工组织与管理能力；

（6）具有建筑施工成本控制能力；

（7）具有建筑工程安全管理能力；

（8）具有建筑工程质量管理能力；

（9）具有建筑工程资料管理能力；

（10）具有建筑施工测量能力；

（11）具有计算机应用能力；

（12）具有主要工种操作能力。

四、主要学习课程及实习实训环节

1. 主要学习课程

建筑工程材料与检测，建筑识图与构造，建筑工程测量，计算机辅助设计（CAD），建筑力学，钢筋混凝土结构，砌体结构，钢结构，地基与基础，建筑施工技术，高层建筑施工，建筑施工组织，建筑工程质量与安全管理，建筑工程技术资料管理，建筑工程计量与计价等。

2. 主要实习实训环节

主要锻炼学生的动手能力和专业技能，主要实习实训环节有：认知实训，单项实训，工种实训，综合实训，顶岗实训。

五、学生应掌握的专业技能

建筑工程技术专业学生必须掌握的专业技能分 7 个模块。即：工程识图及绘图技能模块、施工组织技能模块、工程测量技能模块、基础工程施工技能模块、主体工程施工技能模块、屋面及防水工程施工技能模块、装饰工程施工技能模块。

7 个模块由技能核心模块和技能一般模块两部分组成，其中，核心技能模块有 4 个，分别是：工程识图及绘图技能模块、施工组织技能模块、工程测量技能模块、主体工程施工技能模块；一般技能模块有 3 个，分别是：基础工程施工技能模块、屋面及防水工程施工技能模块、装饰工程施工技能模块。各技能模块叙述如下。

模块一：工程识图及绘图技能模块

工程识图及绘图技能模块包括识读建筑工程施工图和绘制建筑工程施工图两个项目。要求学生掌握建筑施工图识读、结构施工图识读、图纸会审、施工图绘制、CAD（天正）绘图等基本技能。

项目1：识读建筑工程施工图及图纸会审

1）任务描述

给定一套建筑工程施工图，学生完成建筑施工图、结构施工图的识读和图纸会审任务，把图纸上存在的问题记录于工程联系单并正确填写相关技术表格，正确回答问题；识读建筑工程施工图(建施和结施)，教师针对施工图纸提出问题，学生回答问题。

2）技能要求

熟悉国家建筑制图标准和结构施工图平面整体表示方法系列标准，能正确识读总平面图、建筑平面图、立面图、剖面图、建筑详图和建筑设计说明；准确识读基础平面图、基础详图、楼层结构平面图、屋顶结构平面图、结构构件详图；能找出图纸自身的缺陷和错误，审阅图纸设计是否符合国家有关政策和规定(如施工规范的规定等)，各专业工种设计是否协调和吻合及施工的可行性；能准确回答老师提出的问题，正确填写图纸会审纪要。

项目2：绘制建筑工程施工图

1）任务描述

识读给定的建筑工程施工图，在计算机上用CAD或天正建筑软件绘制所给图样，绘制完成后以.dwg格式保存到考试文件夹；识读给定的建筑平面图、剖面图，在计算机上用CAD或天正建筑软件绘制立面图，绘制完成后以.dwg格式保存到考试文件夹；识读给定的建筑平面图、立面图，在计算机上用CAD或天正建筑软件绘制剖面图，绘制完成后以.dwg格式保存到考试文件夹。

2）技能要求

熟悉国家建筑制图标准和结构施工图平面整体表示方法系列标准，能熟练使用CAD软件(或天正软件)，能正确绘制建筑平面图、立面图、剖面图、建筑详图，投影关系正确，符合国家制图标准要求。

模块二：施工组织技能模块

施工组织技能模块包括绘制施工横道图、网络图进度计划和绘制施工平面布置图3个项目。要求学生掌握流水施工原理、工程量及劳动量的计算、合理安排施工顺序、绘制施工横道图计划和施工网络图计划、绘制施工现场平面布置图等基本技能。

项目3：绘制施工横道图进度计划

1）任务描述

给定一个工程项目，介绍工程概况、施工方案与所采用的施工机械等基本施工信息，并给定工期，学生计算工程量，确定工序施工的先后顺序，合理划分施工段，按相关施工定额把工程量换算成劳动量，并合理组织流水施工，最后在计算机上用CAD软件或天正建筑软件绘制一张施工横道图进度计划，绘制完成后以.dwg格式保存到考试文件夹。

2)技能要求

能正确使用施工定额，工艺顺序正确，工序搭接合理，工程量、劳动量、流水参数计算准确，工期满足要求，劳动力动态图均衡合理，图形绘制清楚，表达规范，比例协调。

项目4：绘制施工网络图进度计划

1)任务描述

给定一个工程项目，介绍工程概况、施工方案与所采用的施工机械等基本施工信息，并给定工期，学生计算工程量，确定工序施工的先后顺序和逻辑关系，合理划分施工段，按相关施工定额把工程量换算成劳动量，并合理组织流水施工，最后在计算机上用CAD软件或天正建筑软件绘制一张施工网络图进度计划，绘制完成后以.dwg格式保存到考试文件夹。

2)技能要求

能正确使用施工定额，工艺顺序和逻辑关系正确，工序搭接合理，工程量、劳动量、流水参数计算准确，工期满足要求，资源利用均衡合理，图形绘制清楚，表达规范，比例协调。

项目5：绘制施工平面布置图

1)任务描述

提供一套工程施工图纸，要求学生根据建筑总平面图对施工现场进行合理布置，合理选择垂直运输机械，对搅拌站、材料堆场、临时设施、水电线路、道路等各项内容进行合理规划布置，并在计算机上用CAD软件或天正建筑软件绘制施工平面布置图，绘制完成后以.dwg格式保存到考试文件夹。

2)技能要求

施工平面图设计内容满足项目施工要求，垂直起重机械、搅拌站、材料堆场、临时设施、道路等各项内容布置位置合理，图形表示清楚、规范、比例协调。

模块三：工程测量技能模块

工程测量技能模块的主要任务是建筑工程测量与放线。要求学生掌握测量仪器的操作以及测量数据的计算，能对建筑物进行准确的施工定位放线。

项目6：建筑工程测量与放线

1)任务描述

给定一套建筑工程施工图纸(有建筑总平面图、一层平面图)及施工区域的测量控制点，学生按给定条件进行建筑物定位、放线，并完成相关表格的填写和记录。

2)技能要求

能正确制定施工定位、放线方案，能熟练地操作测量仪器，能对测量数据进行计算和分析，规范填写测量表格。

模块四：基础工程施工技能模块

基础工程施工技能模块包括钢筋混凝土独立柱基础清单计价、钢筋混凝土独立柱基础钢筋施工、钢筋混凝土独立柱基础模板施工、钢筋混凝土独立柱基础混凝土施工、钢筋混凝土独立柱基础施工质量检测、砖基础施工清单计价、砖基础砌筑施工、砖基础施工质量检测等8个项目。要求学生能编制基础工程清单报价文件、掌握基础工程施工工艺、能对基础钢筋进行下料计算，能进行砌筑、钢筋、模板及混凝土工种技能操作，能对已施工完毕的基础工程施工质量进行检查验收。

项目 7：钢筋混凝土独立柱基础清单计价

1）任务描述

给定钢筋混凝土独立柱基础施工图纸，学生按相关规范要求完成对钢筋混凝土独立柱基础清单报价文件的编制。

2）技能要求

熟悉现行的《建设工程工程量清单计价规范》《湖南省建设工程工程量清单计价办法》和《湖南省建设工程消耗量标准》，能按规范格式正确编制清单报价文件。

项目 8：钢筋混凝土独立柱基础钢筋施工

1）任务描述

给定钢筋混凝土独立柱基础施工图纸，学生对钢筋混凝土独立柱基础进行钢筋下料计算并填写钢筋下料单；进行钢筋加工和钢筋绑扎。

2）技能要求

熟练掌握钢筋工程施工工艺、正确计算钢筋下料长度，规范填写钢筋下料单，能顺利完成钢筋加工和钢筋绑扎技能操作。

项目 9：钢筋混凝土独立柱基础模板施工

1.任务描述

给定钢筋混凝土独立柱基础施工图纸，学生依据施工图纸对钢筋混凝土独立柱基础进行模板配板设计和模板支设。

2）技能要求

熟练掌握模板工程施工工艺，能正确进行模板配板设计；能顺利完成模板支设工种技能操作。

项目 10：钢筋混凝土独立柱基础混凝土施工

1.任务描述

给定钢筋混凝土独立柱基础施工图纸，在给定条件下换算混凝土的施工配合比，进行混凝土浇筑，同时做好混凝土试块的留置和混凝土养护工作。

2）技能要求

熟练掌握混凝土工程施工工艺，能正确进行混凝土施工配合比换算，熟悉混凝土试块的留置和混凝土养护工作，能顺利完成混凝土浇筑工种技能操作。

项目 11：钢筋混凝土独立柱基础施工质量检测

1）任务描述

现场已完成钢筋混凝土独立柱基础的施工任务，学生按国家施工规范的要求列出检测项目，并正确使用检测工具对其进行质量检查验收。

2）技能要求

熟悉现行的《混凝土结构工程施工质量验收规范》，能按国家规范要求列出检测项目和项目允许偏差，并正确使用常用检测工具对钢筋混凝土独立柱基础的施工质量进行检查验收。

项目 12：砖基础施工清单计价

1）任务描述

给定砖基础施工图纸，学生按相关规范要求完成对砖基础清单报价文件的编制。

2）技能要求

熟悉现行的《建设工程工程量清单计价规范》《湖南省建设工程工程量清单计价办法》和

《湖南省建设工程消耗量标准》，能按规范格式正确编制清单报价文件。

项目 13：砖基础砌筑施工

1）任务描述

给定砖基础施工图纸，学生完成砖基础的砌筑施工任务。

2）技能要求

掌握砖基础施工工艺，会使用砌筑工具，能顺利完成砖基础砌筑工作。

项目 14：砖基础施工质量检测

1）任务描述

现场已完成砖基础的施工任务，学生按国家施工规范的要求列出检测项目，并正确使用检测工具对其进行质量检查验收。

2）技能要求

熟悉现行的《砌体工程施工质量验收规范》，能按国家规范要求列出检测项目和项目允许偏差，并正确使用常用检测工具对砖基础的施工质量进行检查验收。

模块五：主体工程施工技能模块

主体工程施工技能模块包括砖墙砌筑清单计价、砖墙砌筑施工、砖墙砌筑质量检测、钢筋混凝土梁和柱施工清单计价、钢筋混凝土梁和柱钢筋施工、钢筋混凝土梁和柱模板施工、钢筋混凝土梁和柱混凝土施工、钢筋混凝土梁和柱施工质量检测、钢管扣件式脚手架施工 9 个项目。要求学生掌握砌体工程施工、钢筋混凝土柱施工、钢筋混凝土梁施工的施工工艺，能编制主体工程清单报价文件，能进行钢筋下料计算，能进行砌筑、钢筋、模板、混凝土工种技能操作，能对已完脚手架工程的施工质量进行检查验收，能对已完主体工程的施工质量进行检查验收。

项目 15：砖墙砌筑清单计价

1）任务描述

给定砖墙施工图纸，学生按相关规范要求完成对砖墙清单报价文件的编制。

2）技能要求

熟悉现行的《建设工程工程量清单计价规范》《湖南省建设工程工程量清单计价办法》和《湖南省建设工程消耗量标准》，能按规范格式正确编制清单报价文件。

项目 16：砖墙砌筑施工

1）任务描述

给定砖墙施工图纸，学生完成砖墙的砌筑施工任务。

2）技能要求

掌握砖墙施工工艺，会使用砌筑工具，能顺利完成砖墙的砌筑工作。

项目 17：砖墙砌筑质量检测

1）任务描述

现场已完成砖墙的砌筑施工任务，学生按国家施工规范的要求列出检测项目和质量允许偏差，并正确使用检测工具对其进行质量检查验收。

2）技能要求

熟悉现行的《砌体工程施工质量验收规范》，能按国家规范要求列出检测项目和项目允许偏差，并正确使用常用检测工具对砖墙的施工质量进行检查验收。

项目18：钢筋混凝土梁、柱施工清单计价

1）任务描述

给定钢筋混凝土梁、柱施工图纸，学生按相关规范要求完成对钢筋混凝土梁、柱清单报价文件的编制。

2）技能要求

熟悉现行的《建设工程工程量清单计价规范》《湖南省建设工程工程量清单计价办法》和《湖南省建设工程消耗量标准》，能按规范格式正确编制清单报价文件。

项目19：钢筋混凝土梁、柱钢筋施工

1）任务描述

给定钢筋混凝土梁、柱施工图纸，学生对钢筋混凝土梁、柱进行钢筋下料计算并填写钢筋下料单；进行钢筋加工和钢筋绑扎。

2）技能要求

熟练掌握钢筋工程施工工艺、正确计算钢筋下料长度，规范填写钢筋下料单，能顺利完成钢筋加工和钢筋绑扎技能操作。

项目20：钢筋混凝土梁、柱模板施工

1）任务描述

给定钢筋混凝土梁、柱施工图纸，学生依据施工图纸对钢筋混凝土梁、柱进行模板配板设计和模板支设。

2）技能要求

熟练掌握模板工程施工工艺，能正确进行模板配板设计；能顺利完成模板支设工种技能操作。

项目21：钢筋混凝土梁、柱混凝土施工

1）任务描述

给定钢筋混凝土梁、柱施工图纸，在给定条件下换算混凝土的施工配合比，进行混凝土浇筑，同时做好混凝土试块的留置和混凝土养护工作。

2）技能要求

熟练掌握混凝土工程施工工艺，能正确进行混凝土施工配合比换算，熟悉混凝土试块的留置和混凝土养护工作，能顺利完成混凝土浇筑工种技能操作。

项目22：钢筋混凝土梁、柱施工质量检测

1）任务描述

现场已完成钢筋混凝土梁、柱的施工任务，学生按国家施工规范的要求列出检测项目，并正确使用检测工具对其进行质量检查验收。

2）技能要求

熟悉现行的《混凝土结构工程施工质量验收规范》，能按国家规范要求列出检测项目和项目允许偏差，并正确使用常用检测工具对钢筋混凝土梁、柱的施工质量进行检查验收。

项目23：钢管扣件式脚手架施工质量检测

1）任务描述

有一栋建筑物正在施工，其钢管扣件式脚手架已按施工要求搭设完毕，安全网也挂设完毕，检查脚手架及安全网的施工质量是否满足国家规范的要求。

2）技能要求

能按规范要求并正确使用常用检测工具对钢管扣件式脚手架工程及安全网的施工质量进行检查验收，能正确填写脚手架工程及安全网施工质量检查验收记录表。

模块六：屋面及防水工程施工技能模块

屋面及防水工程施工技能模块包括卷材防水屋面清单计价、卷材防水施工、卷材防水屋面施工质量检测、刚性防水屋面清单计价、刚性防水层施工、刚性防水屋面施工质量检测6个项目。要求学生掌握屋面防水工程施工的施工工艺、清单计价、防水层施工、质量检验等基本技能。

项目24：卷材防水屋面清单计价

1）任务描述

给定卷材防水屋面施工图纸，学生按相关规范要求完成对卷材防水屋面清单报价文件的编制。

2）技能要求

熟悉现行的《建设工程工程量清单计价规范》《湖南省建设工程工程量清单计价办法》和《湖南省建设工程消耗量标准》，能按规范格式正确编制清单报价文件。

项目25：卷材防水施工

1）任务描述

给定卷材防水屋面施工图纸，要求学生在屋面上按照卷材防水屋面工程施工工艺标准进行卷材铺贴施工。

2）技能要求

熟练掌握卷材防水屋面施工工艺，能顺利完成卷材铺贴技能操作工作。

项目26：卷材防水屋面施工质量检测

1）任务描述

依据屋面工程施工质量验收规范的要求对已施工的卷材防水屋面工程进行质量检查验收，并填写卷材防水分项工程质量验收记录。

2）技能要求

熟悉现行的《屋面工程质量验收规范》，能按规范要求并正确使用常用检测工具对卷材防水屋面的施工质量进行检查验收，能正确填写工程质量验收记录表。

项目27：刚性防水屋面清单计价

1）任务描述

给定刚性防水屋面施工图纸，学生按相关规范要求完成对刚性防水屋面清单报价文件的编制。

2）技能要求

熟悉现行的《建设工程工程量清单计价规范》《湖南省建设工程工程量清单计价办法》和《湖南省建设工程消耗量标准》，能按规范格式正确编制清单报价文件。

项目28：刚性防水层施工

1）任务描述

给定刚性防水屋面施工图纸，要求学生能按照刚性防水屋面工程施工工艺标准在屋面上进行刚性防水层施工。

2）技能要求

熟练掌握刚性防水屋面施工工艺，能顺利完成刚性防水层施工技能操作工作。

项目 29：刚性防水屋面施工质量检测

1）任务描述

依据屋面工程施工质量验收规范的要求对已施工的刚性防水屋面工程进行质量检查验收，并填写刚性防水分项工程质量验收记录。

2）技能要求

熟悉现行的《屋面工程质量验收规范》，能按规范要求并正确使用常用检测工具对刚性防水屋面的施工质量进行检查验收，能正确填写工程质量验收记录表。

模块七：装饰工程施工技能模块

装饰工程施工技能模块包括地板砖铺贴清单计价、地板砖铺贴施工、地板砖铺贴施工质量检测、墙面一般抹灰清单计价、墙面一般抹灰施工、墙面一般抹灰施工质量检测、墙面釉面砖镶贴施工清单计价、墙面釉面砖镶贴施工、墙面釉面砖镶贴施工质量检测 9 个项目。要求学生掌握地板砖铺贴施工、墙面抹灰施工、墙面釉面砖镶贴施工的施工工艺、清单计价、质量检验等基本技能。

项目 30：地板砖铺贴清单计价

1）任务描述

给定施工图纸，学生按相关规范要求完成对地板砖施工清单报价文件的编制。

2）技能要求

熟悉现行的《建设工程工程量清单计价规范》《湖南省建设工程工程量清单计价办法》和《湖南省建设工程消耗量标准》，能按规范格式正确编制清单报价文件。

项目 31：地板砖铺贴施工

1）任务描述

给定施工图纸，要求学生按照地板砖铺贴施工工艺标准在某一指定区域内进行地板砖铺贴施工。

2）技能要求

熟练掌握地板砖铺贴施工工艺，能顺利完成地板砖铺贴施工。

项目 32：地板砖铺贴施工质量检测

1）任务描述

依据现行的《建筑装饰装修工程质量验收规范》要求，对已施工的地板砖进行质量检查验收，并填写分项工程质量验收记录。

2）技能要求

熟悉现行的《建筑装饰装修工程质量验收规范》，能按规范要求并正确使用常用检测工具对地板砖铺贴的施工质量进行检查验收，能正确填写工程质量验收记录表。

项目 33：墙面一般抹灰清单计价

1）任务描述

给定施工图纸，学生按相关规范要求完成对墙面一般抹灰清单报价文件的编制。

2）技能要求

熟悉现行的《建设工程工程量清单计价规范》《湖南省建设工程工程量清单计价办法》和

《湖南省建设工程消耗量标准》，能按规范格式正确编制清单报价文件。

项目 34：墙面一般抹灰施工

1）任务描述

给定施工图纸，要求学生按照墙面一般抹灰施工工艺标准在某一指定区域内进行墙面一般抹灰施工。

2）技能要求

熟练掌握墙面一般抹灰施工工艺，会使用常用抹灰工具，能顺利完成墙面一般抹灰技能操作。

项目 35：墙面一般抹灰施工质量检测

1）任务描述

依据现行的《建筑装饰装修工程质量验收规范》要求，对已施工的墙面一般抹灰工程进行质量检查验收，并填写分项工程质量验收记录。

2）技能要求

熟悉现行的《建筑装饰装修工程质量验收规范》，能按规范要求并正确使用常用检测工具对墙面一般抹灰工程的施工质量进行检查验收，能正确填写工程质量验收记录表。

项目 36：墙面釉面砖镶贴清单计价

1）任务描述

给定施工图纸，学生按相关规范要求完成对墙面釉面砖镶贴施工清单报价文件的编制。

2）技能要求

熟悉现行的《建设工程工程量清单计价规范》《湖南省建设工程工程量清单计价办法》和《湖南省建设工程消耗量标准》，能按规范格式正确编制清单报价文件。

项目 37：墙面釉面砖镶贴施工

1）任务描述

给定施工图纸，要求学生按照釉面砖镶贴施工工艺标准进行墙面釉面砖镶贴施工。

2）技能要求

熟练掌握墙面釉面砖镶贴施工工艺，能顺利完成墙面釉面砖镶贴施工技能操作。

项目 38：墙面釉面砖镶贴施工质量检测

1）任务描述

依据现行的《建筑装饰装修工程质量验收规范》要求，对已施工的墙面釉面砖镶贴工程进行质量检查验收，并填写分项工程质量验收记录。

2）技能要求

熟悉现行的《建筑装饰装修工程质量验收规范》，能按规范要求并正确使用常用检测工具对已施工的墙面釉面砖镶贴工程进行质量检查验收，并填写分项工程质量验收记录表。

六、学生专业技能培养模式

1. 创新"4+1+1，双园轮转、校企轮换、双主体育人"专业技能培养模式

图 1-1 是"4+1+1，双园轮转、校企轮换、双主体育人"专业技能培养模式图。

"4+1+1"是三阶段能力培养模式，第一至四学期是基本能力培养阶段。通过《建筑构造与识图》、《建筑工程测量》、《计算机辅助设计》、《建筑施工技术》、《建筑施工组织》及《建

筑工程质量与安全管理》等一系列理实一体化专业课程与第一学期专业认知实训（知岗实训）、第二学期暑期"定岗实训"、第四学期"跟岗实训"及系列独立设置专项能力实训的"工学交替"学习，采用"教、学、做"合一的"任务驱动式"和"项目载体"教学方法，让学生完成建筑业施工现场管理关键工作岗位所需的基础知识、专业知识、基本技能的学习与训练任务。

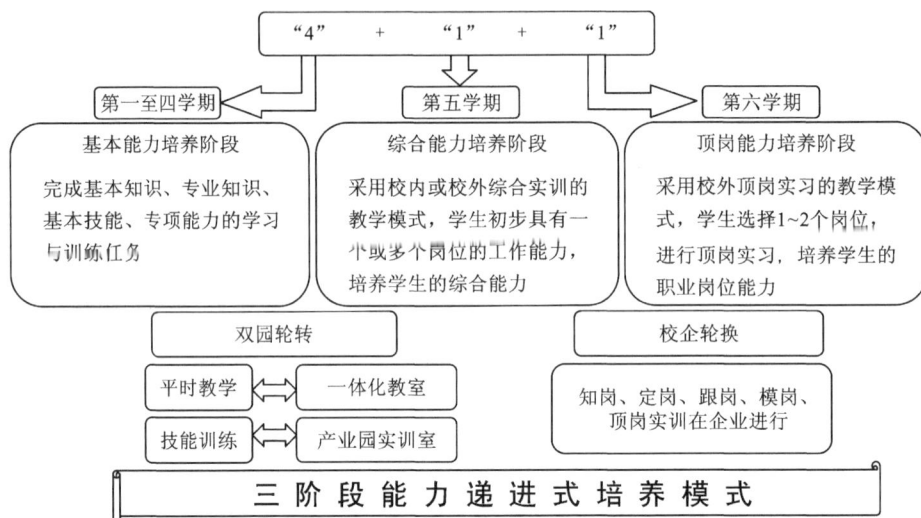

图 1-1

第五学期（即1），是综合能力培养阶段。在校内产业园实训室或校外合作企业进行综合实训，学生根据自己的兴趣爱好选择相应的职业岗位，聘请企业专家和学校教师共同指导，学生模拟自己从事的岗位进行"模岗实训"，为下一阶段的顶岗实训打下基础。

第六学期（即1），是顶岗能力培养阶段。学生到合作企业校外实训基地进行施工现场施工员、质量员、安全员、材料员、资料员及标准员等关键岗位"轮岗顶岗实训"，培养职业岗位行动能力，进一步提升岗位适应能力，深入建筑施工企业，熟悉生产组织、管理和施工技术，也能更好地发展社会交往能力，实现由学生向企业员工的转变，最终实现企业"零距离上岗"。

以"4+1+1多学期、分段式"的模式培养学生职业能力，学生平时的学习在校园一体化教室进行，技术和技能训练在产业园的实训室和校内实训基地进行，实现校园和产业园之间的"双园轮转"，三年的"五岗实训"（知岗实训、定岗实训、跟岗实训、模岗实训和顶岗实训）在生产性基地和校外实训基地进行，实现学校与企业之间"校企轮换"和"双主体育人"。

2. 创新实践教学模式，推行"五岗实训"专业技能培养模式

知岗实训（认知实训）、定岗实训、跟岗实训、模岗实训（综合实训或毕业设计）、顶岗实训称为"五岗实训"，图1-2是"五岗实训"模式图。

学生在第一学期到校企合作企业进行认知实训，认识建筑工程技术专业和知道自己毕业后从事的岗位，即"知岗"；学生在第二学期的暑假，到校企合作企业进行实践锻炼，加深对自己以后从事岗位的理解，确定自己毕业后的具体工作岗位，即"定岗"；第四个学期的暑假学生到校企合作企业进行实践锻炼，重点跟踪自己毕业以后想从事的工作岗位，即"跟岗"；第五个学期的综合实训，学生到校内实训基地或校外合作企业完成，聘请企业技术专家和学校教师共同完成对学生的实训指导，学生模拟自己从事的岗位进行实训，即"模岗"；第六学期学生到企业进行顶岗实训，聘请企业专家对学生进行实训指导，即"顶岗"。通过"五岗实训"，在真实的项目环境条件下锻炼学生的职业技能，达到校企合作，工学结合，学校与企业接轨，学生零距离上岗的目的。

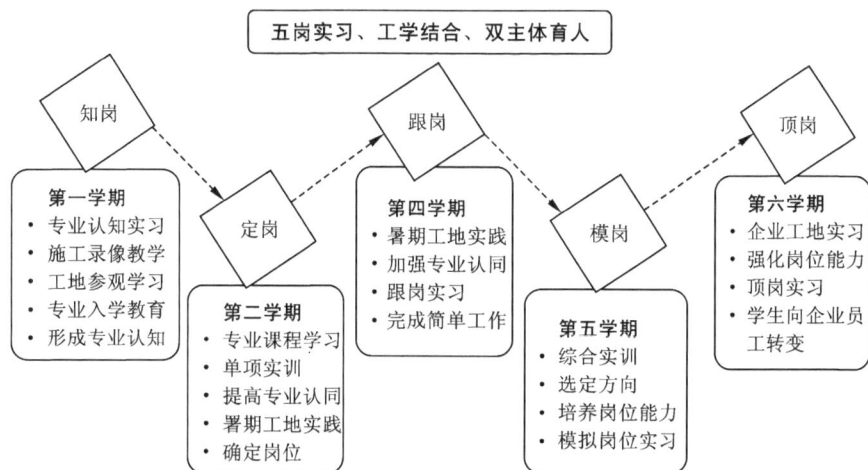

图 1-2

3. 创新项目载体、成果导向、工学结合的职业能力培养模式

图 1-3 是以项目载体、成果导向、工学结合培养学生职业能力模式图。

以项目为载体培养学生职业能力：一年级以真实的项目为载体主要培养学生徒手绘图能力、初步识图能力、材料检测能力和测量放线能力。二年级以真实的项目为载体主要培养学生计算机绘图能力、工种操作能力、施工技术能力、施工组织能力、质量安全管理能力、计量计价能力和成本控制能力。三年级以真实的项目为载体主要培养学生综合能力和顶岗能力。

以成果为导向培养学生职业能力：一年级学生主要完成的成果是手工绘制建筑施工图成果、初步识读建筑施工图成果、建筑材料检测成果、建筑工程测量放线成果。二年级学生主要完成的成果是识读建筑施工图成果、计算机绘制建筑施工图成果、工种操作成果、建筑施工方案制定成果、建筑施工组织设计成果、建筑工程计量计价成果。三年级学生主要完成的成果是综合实训成果、顶岗实训成果。

工学结合培养学生职业能力：推行知岗实训、定岗实训、跟岗实训、模岗实训、顶岗实训等"五岗实训"实践模式，工学结合、校企双主体培养学生职业能力。

双证融通培养学生职业能力：学生在前两年考取中级测量证书和中级绘图员证书(两证均为初始证书)，在三年级取得施工员等资格证书和毕业证书。

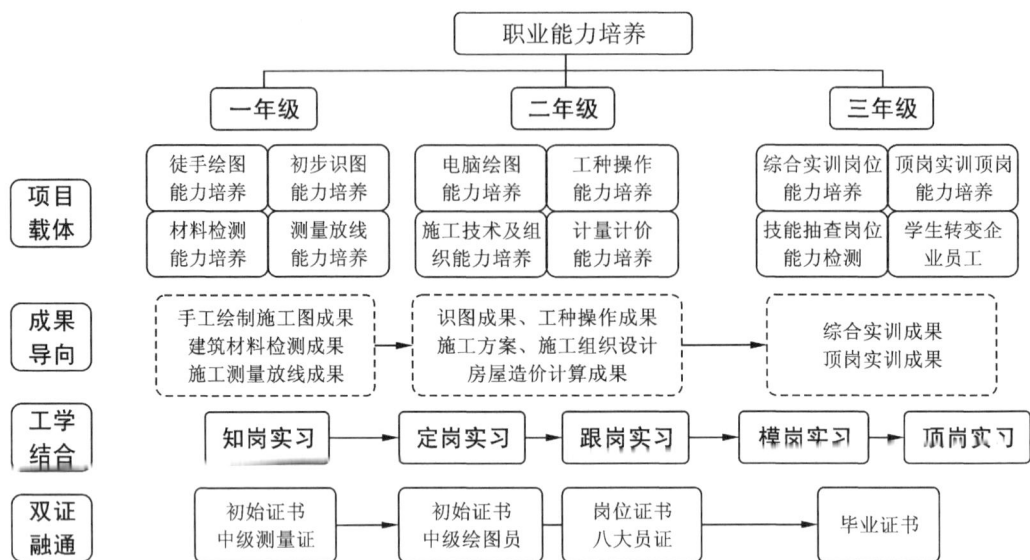

图 1-3

六、在校期间可考取的职业资格证书

职业资格证书是劳动就业制度的一项重要内容，也是一种特殊形式的国家考试制度。它是指按照国家制定的职业技能标准或任职资格条件，通过政府认定的考核鉴定机构，对劳动者的技能水平或职业资格进行客观公正、科学规范的评价和鉴定，对合格者授予相应的国家职业资格证书。它是劳动者求职、任职、开业的资格凭证，是用人单位招聘、录用劳动者的主要依据。学生在校期间可考取的职业资格证书有：施工员资格证书，安全员资格证书，质检员资格证书，资料员资格证书，材料员资格证书，标准员资格证书等。

第二部分　房屋建筑与在建施工项目认知

一、建筑工程施工现场安全知识

建筑业属于事故发生率较高的行业，其施工特点是：

1）高处作业多。按照国家标准《高处作业分级》规定划分，建筑施工中有 90%以上是高处作业。

2）露天作业多。建筑物的露天作业约占整个工作量的 70%，受到春、夏、秋、冬不同气候以及阳光、风、雨、冰雪、雷电等自然条件的影响和危害。

3）手工劳动及繁重体力劳动多。建筑业大多数工种至今仍是手工操作，容易使人疲劳、分散注意力、误操作多，易导致事故的发生。

4）立体交叉作业多。建筑产品结构复杂，工期较紧，必须多单位、多工种相互配合，立体交叉施工，如果管理不好、衔接不当、防护不严，就有可能造成相互伤害。

5）临时员工多。目前在工地第一线作业的工人中，农民工占 50%～70%，有的工地高达 95%，以上这些特点决定了建筑工程的施工过程是个危险大、突发性强、容易发生伤亡事故的生产过程。因此，必须加强施工过程的安全管理与安全技术措施。

有关统计资料表明，建筑工程施工中主要的伤害事故是""五大伤害"：高空坠落、物体打击、机械伤害、触电和坍塌。其中高处坠落占 40%～50%，建筑工程安全事故主要有以下几个方面：

1）高空坠落事故：由于危险势能差引起的伤害，包括从脚手架上、屋架上、洞口处等地方坠落及平地坠入坑内。

2）物体打击事故：指落物、滚石、锤击、碎裂、崩块、砸伤等造成的人身伤害，不包括因爆炸而引起的物体打击。

3）触电事故：指电流流经人体造成生理伤害的事故，包括触电坠落、触电烧伤、雷击伤亡等。

4）坍塌事故：指建筑物、堆置物倒坍以及土石塌方等引起的事故伤亡。

5）机械伤害事故：指被机械设备或工具绞、碾、碰、割、戳等造成的人身伤害，不包括车辆、起重设备引起的伤害。

6）起重伤害：指从事各种起重作业时发生的机械伤害事故。

7）车辆伤害事故：指车辆行驶中引起的人体坠落、物体倒坍、飞落、挤压伤亡，包括挤、压、撞、倾覆等。

8）中毒和窒息事故：指煤气、油气、沥青、化学、一氧化碳中毒等。

9）灼烫及火灾事故：指火焰烧伤、高温物体烫伤、化学灼伤、物理灼伤等。

10）其他伤害事故：包括扭伤、跌伤、冻伤、淹溺事故等。

二、房屋建筑与在建施工项目参观

房屋建筑与在建施工项目参观注意了解以下方面的知识。

1. 建筑构造部分

1）了解建筑物所处的位置与周围环境的关系，如建筑物的高度、体型、颜色格调与周围建筑物是否协调，建筑物出入口与周围道路的关系。

2）了解建筑物总体造型及外观处理。

①建筑物在立体、平面结构布置上的变化；

②建筑物顶部（檐口）的形式、排水方式及雨水管的布置；

③立面色调及采用的装饰材料，思考建筑与美学艺术的关系。

3）了解建筑物的建筑面积、使用面积、总造价、每平方米造价等各项经济指标。

4）了解建筑物的平面布置情况。

①建筑物的平面形式、使用房间、辅助房间、交通系统的布置及主要功能，主要房间的开间、进深及柱网尺寸；

②门厅、过厅的布置方式及其使用情况，走道、楼梯间的布置位置及主要尺寸；

③门窗的大小、位置，并思考其确定因素。

5）了解建筑物的剖面情况。

①建筑物的层数、层高、总高，房间的高度与使用功能、结构体系和空间的比例关系；

②底层地面与室外地坪的高差，入口台阶的形式；

③窗台高度及建筑物空间利用情况。

6）了解建筑物各细部构造形式。

①主要入口的台阶、雨蓬、门斗、门廊、门厅的构造处理与装修；

②楼梯的形式、组成、踏步尺寸、楼梯井尺寸、楼梯栏杆扶手的高度与固定方法；

③外墙构造，包括散水、勒脚、防潮层、窗台板、过梁、墙体厚度、墙体材料以及墙体与梁柱的连接；

④内墙、隔墙构造，包括墙体厚度、墙体材料以及墙体与梁柱的连接；

⑤楼地面、顶棚、吊顶采用的材料；

⑥屋面构造及其组成，防水层材料，檐口尺寸、泛水高度及处理，屋面坡度；

⑦变形缝的类型，变形缝在屋面、地面、楼面、内外墙面的构造处理；

⑧地下室、烟道、通风道、垃圾道、阳台雨罩、储藏设施的构造。

7）单层工业厂房应了解的内容。

①厂房结构的组成，主要结构构件——柱、梁、屋架、屋面板的尺寸、位置；

②跨度与柱距尺寸，各构件之间的相互关系；

③连系梁的布置、吊车梁的布置、柱间支撑的布置、屋盖支撑的布置，抗风柱与屋架的连接构造，外墙与柱、牛腿柱与吊车梁、牛腿柱与屋架的连接构造；

④天窗的形式、组成、构造及屋面排水处理；

⑤侧窗、大门的形式、位置与尺寸。

2. 建筑结构部分

1）砖混结构（见图 2-1）

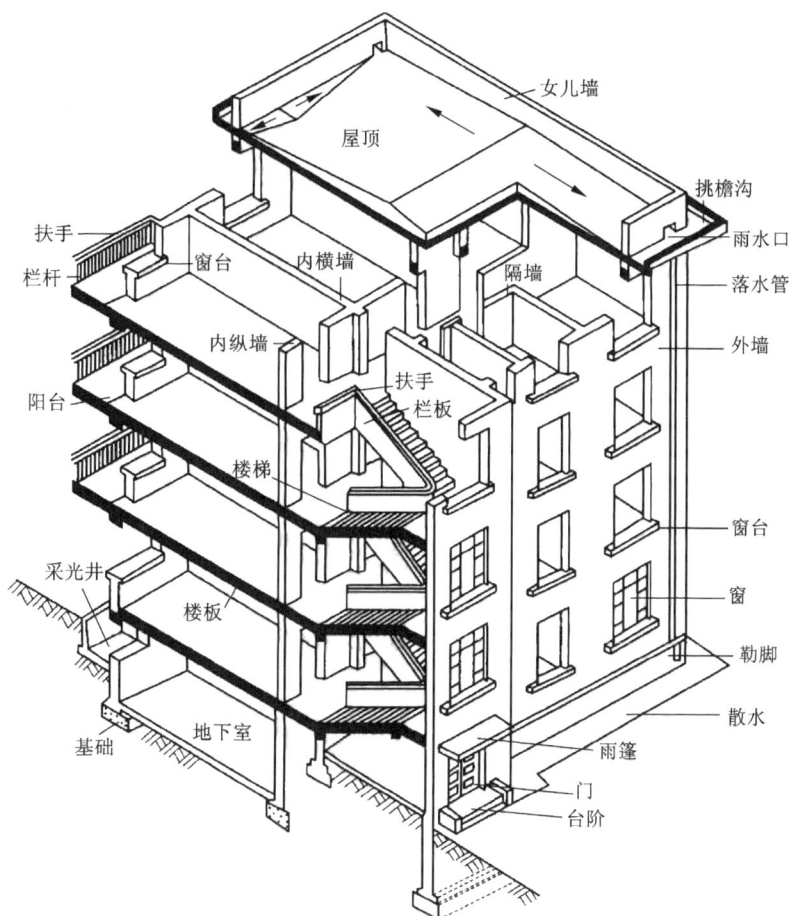

图 2-1　砖混结构

　　砖墙或砖柱、钢筋混凝土楼板和屋顶承重构件作为主要承重结构的建筑。参观时重点了解下列内容：

　　①基础形式、基础材料及基础埋深；

　　②结构的墙体承重方案，梁、板、柱、过梁等构件的受力、传力情况；这些构件的截面尺寸、形状、钢筋配置情况；

　　③预制混凝土楼板的规格、尺寸、布置与节点构造；现浇混凝土楼板厚度与钢筋配置情况；

　　④圈梁、构造柱在结构中的位置、截面尺寸及钢筋配置情况。

　　2）框架结构（见图 2-2）

　　现浇钢筋混凝土框架结构一般由梁、板、柱及基础所组成，主要由框架承重，框架间的填充墙多采用轻质砌体墙。这些轻质墙体材料种类较多，如非承重黏土空心砖，加气混凝土砌块，空心焦渣混凝土砌块、轻钢龙骨石膏板、石膏空心墙板及复合轻质隔墙板。这些轻质墙体起围护和分隔空间的作用，装修时可以开洞或拆除。

参观时重点了解下列内容：

①基础形式与埋置深度，基础梁布置；

②框架的承重方案，柱网的布置情况；

③梁与柱、梁与板等主要节点的构造与施工方法；

④填充墙与主体结构的连接构造。

3）剪力墙结构（见图2-3）

剪力墙结构是用钢筋混凝土墙板来代替框架结构中的梁柱，能承担各类荷载引起的内力，并能有效控制结构的水平力，这种用钢筋混凝土墙板来承受竖向和水平力的结构称为剪力墙结构。

参观时重点了解下列内容：

①剪力墙在结构中的位置，剪力墙厚度与高度的关系；

②剪力墙上开洞部位、大小及钢筋配置情况；

③墙与板的连接构造，剪力墙施工方法；

④填充墙与主体结构的连接构造。

4）框架-剪力墙结构（见图2-4）

框架-剪力墙结构是在框架结构中设置适当的剪力墙的结构。它具有框架结构平面的布置灵活，有较大空间的优点，又具有侧向刚度较大的优点。框架-剪力墙结构中，剪力墙主要承受水平荷载，竖向荷载由框架承担。

参观时重点了解下列内容：

①剪力墙在结构中的位置，剪力墙设置的方向；

②柱网的布置情况，梁的布置情况；

③梁与柱、梁与板等主要节点的构造与施工方法；

④墙与板的连接构造，剪力墙施工方法；

⑤柱与剪力墙之间的连接，填充墙与主体结构的连接构造。

5）单层厂房排架结构（见图2-5）

排架由屋架（或屋面梁）、柱和基础组成，柱与屋架铰接，与基础刚接。主要用于单层厂

图2-2　框架结构

图2-3　剪力墙结构

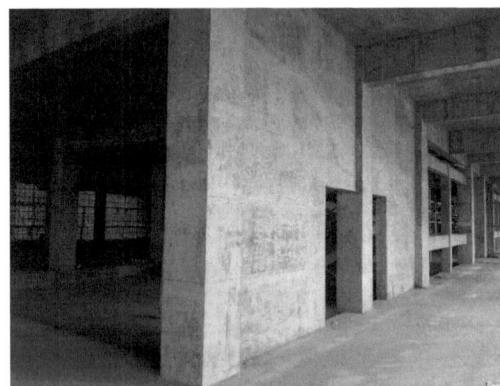

图2-4　框架-剪力墙结构

房,由屋架、柱子和基础构成横向平面排架,是厂房的主要承重体系,再通过屋面板、吊车梁、支撑等纵向构件将平面排架联结起来,构成整体的空间结构。

参观时重点了解下列内容:

①基础形式与埋置深度,基础梁的位置;

②排架结构的承重方案,柱网的布置情况;

③牛腿柱、吊车梁的形式及柱梁连接方式,柱间支撑形式;

图 2-5　排架结构

④墙体位置,墙体与柱的连接构造;

⑤抗风柱与屋架的连接方式;

⑥混凝土屋架或钢屋架形式,屋盖支撑系统。

6)钢结构(见图 2-6、图 2-7)

主要承重构件全部采用钢材制作,它自重轻,能建单层、多层建筑,还能建造超高摩天大楼;又能制成大跨度、高净高的空间,特别适合大型公共建筑。

参观时重点了解下列内容:

①钢结构的组成,基础形式,基础与钢柱的连接方式;

②钢结构构件的形式,钢构件的加工制作方式,构件之间连接方式;

③钢结构防锈措施;

④厂房内吊车梁形式及吊车行走方式;

⑤柱间支撑及屋盖支撑形式;

⑥墙体结构形式与连接方式。

图 2-6　钢结构厂房

图 2-7　钢结构楼房

3. 施工部分

1)基础工程

①观察基础开挖前的定位、放线的操作过程,观察龙门桩和龙门板的位置;

②认识各类土方机械及施工过程；

③观察、了解排除地下水所使用的施工方法；

④观察钢筋混凝土预制桩、钻孔灌注桩等打桩过程和成孔、下钢筋笼、浇注混凝土方法；

⑤了解地基局部处理方法。

2）砌筑工程

①观察、了解各类脚手架的构造、搭设方法及安全网的架设情况；龙门架、塔吊、井字架、施工电梯的设置位置和工作过程；

②了解砖砌体的砌筑方法、组砌形式、施工工艺过程。

3）混凝土工程

①认识不同材料、不同规格的模板，观察模板的搭设过程、支撑方法，思考模板所起的作用；

②观察钢筋调直、除锈、切断、弯曲、焊接、绑扎、安装等施工过程以及所用的机械和工具；

③了解混凝土搅拌机械、运输机械、振捣机械并观察其工作过程；

④了解商品混凝土和混凝土搅拌车、混凝土输送泵、混凝土泵车并观察其工作过程。

4）结构安装工程

①认识各种起重机械，如桅杆式起重机、自行式起重机、塔式起重机，并观察其工作过程；

②观察柱、吊车梁、屋架、屋面板等构件的绑扎、吊装、就位、校正与固定等施工过程以及所用的方法；

③观察起重机械吊装作业时的开行路线和构件吊装顺序。

5）屋面工程

了解屋面各种结构层的施工方法；观察防水层所使用的材料和施工过程；

6）装饰工程

①观察制作的门窗、吊顶、隔断所用的材料及其安装过程；

②观察墙面、顶棚、地面抹灰的施工过程，了解其施工工艺；观察内外墙面、地面所采用的饰面材料及施工过程；

③观察建筑物节能的构造和施工方法；

④观察油漆、刷浆、裱糊等装饰工程的操作过程，了解其施工工艺。

7）施工现场组织与管理

①观察整个施工现场各类施工机械、施工材料、临时设施的布置位置，现场安全防护设施、防火设备的设置情况，现场临时水、电、道路的布置情况；

②观察、了解施工现场的不同施工过程、不同工种之间、不同楼层、不同区段之间相互衔接配合施工的情况；

③了解现场文明施工和绿色施工情况；

④了解施工项目部构成，人员配置和分工，各岗位职责。

8）建筑制品生产

①了解钢筋调直、除锈、切断、弯曲、焊接、冷拉、冷拔等施工过程以及相应施工机械的使用；

②了解混凝土集中搅拌站从上料、配料、计量、搅拌、运输直至浇筑成型、振捣、养护全过程及设备运转情况;

③了解预应力空心板、大型屋面板、预制混凝土桩等构件的制造工艺过程;

④观察先张法与后张法的施工工艺过程。

4.录像教学与专题报告

1)录像与图片教学内容

①世界各国的建筑风格、包括古代建筑和现代建筑;

②建筑新结构、新材料、新工艺、新技术介绍;

③国内典型建筑施工工艺、施工技术、施工管理方法和安全施工。

2)专题讲座参考题目

①工业与民用建筑基本知识讲座;

②目前国内建筑业发展状况;

③典型工程介绍;

④建筑艺术与美学。

V.认知实训日志

认知实训日志填写要求：

1. 工作内容。

真实地记录当天完成的主要工作，可以是技术性的，也可以是非技术性的。

2. 收获体会。

技术工作重点谈收获与体会，谈自己的想法或做法，非技术工作谈自己在待人、接物、办事中处理是否妥当，以后怎么改进的心得体会。

3. 认知实训日志，必须逐日填写，内容要真实，图文并茂、书写工整、线条清晰。

4. 认知实训日记是实训情况的真实反映，学生首先必须逐日写好认知实训日记，把每天实训的内容，所见所闻，收获体会和有关的技术资料等记载于日记中，不少于5篇(手抄本)，为写认知实训报告积累资料。认知实训结束时，每个学生都必须上交认知实训日志和认知实训报告，作为评定认知实训成绩的依据。

认知实训日志　　　　年　　月　　日　　　　天气：　　　　温度：

参观内容	
收获体会	

认知实训日志　　　　年　月　日　　　　天气：　　　　温度：

参观内容	
收获体会	

认知实训日志	年　月　日　　天气：　　　温度：
参观内容	
收获体会	

认知实训日志	年　月　日　　　　天气：　　　　温度：
参观内容	
收获体会	

认知实训日志	年 月 日	天气：	温度：
参观内容			
收获体会			

认知实训日志　　　　　年　　月　　日　　　　　天气：　　　　　温度：

参观内容	
收获体会	

认知实训日志	年 月 日	天气：	温度：

参观内容

收获体会

认知实训日志　　　　　　年　　月　　日　　　　　　天气：　　　　　　温度：

参观内容	
收获体会	

认知实训日志	年　月　日　　　　天气：　　　　温度：
参观内容	
收获体会	

| 认知实训日志 | 年　月　日 | 天气： | 温度： |

参观内容	
收获体会	

认知实训日志	年　月　日	天气：	温度：

参观内容

收获体会

认知实训日志	年　月　日　　　　　天气：　　　　　温度：
参观内容	
收获体会	

认知实训日志　　　　年　　月　　日　　　　　　天气：　　　　　　温度：

参观内容

收获体会

认知实训日志	年　月　日	天气：	温度：
参观内容			
收获体会			

Ⅵ.认知实训报告

认知实训报告

（内容包括实训期间从事的工作、收获、体会等。重点是收获体会，必须是全面总结。写报告不能记流水账，对问题要有分析，多谈自己的看法和见解，不要空谈，泛谈，言之无物。必须采用手写，字数不少于 2500 字。）

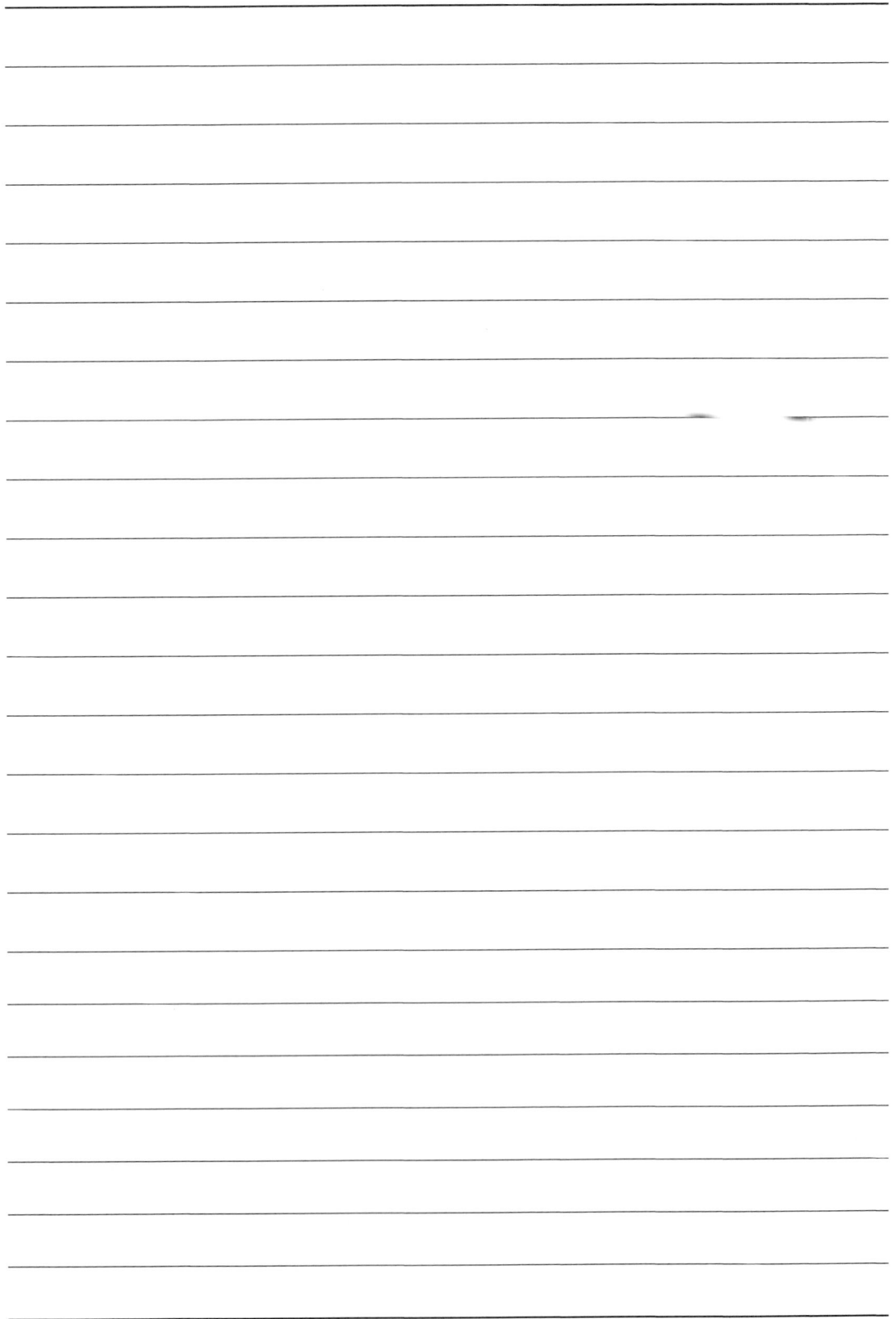

Ⅶ. 认知实训成绩评定表

	班级评分小组评分 （占20%）	实训纪律及表现 （占40%）	实训日记及报告 （占40%）
分项成绩			
总 成 绩			
学生评分小组 签名		指导老师签名	

说明：

实训成绩由实训指导教师根据学生评分小组评分、实训纪律及表现、实训日记及实训报告三个主要方面按五级分制（优、良、中、及格、不及格）综合评定，单独记入学生成绩册。评定时采用"组合分"评定，其中班级评分小组评分占20%，实训纪律及表现占40%，实训日记及实训报告占40%。